KB263170

식빵 혁명 100

맛있다! 쉽다! 간편하다!

매일 추천 식빵 레시피

식빵 혁명 100

바타코마마 지음 | 김지영 옮김

시그마북스
Sigma Books

식빵 혁명 100

발행일 2025년 9월 22일 초판 1쇄 발행
지은이 바타코마마
옮긴이 김지영
발행인 강학경
발행처 시그마북스
마케팅 정제용
에디터 최윤정, 최연정, 양수진
디자인 강경희, 정민애, 김문배

등록번호 제10-965호
주소 서울특별시 영등포구 양평로 22길 21 선유도코오롱디지털타워 A402호
전자우편 sigmabooks@spress.co.kr
홈페이지 http://www.sigmabooks.co.kr
전화 (02) 2062-5288~9
팩시밀리 (02) 323-4197
ISBN 979-11-6862-407-8 (13590)

ブックデザイン・DTP　鷹觜麻衣子
撮影　フォトグラファー　高木信幸
スタイリング　有限会社スタジオ・モノクローム
　　　　　　　（フードスタイリスト／二瓶紗祐里、アシスタント／本保明日香）
企画・編集　山口麻友、九内俊彦

食パン革命　サクッとかんたんアレンジレシピ100
SHOKUPAN KAKUMEI SAKUTTO KANTAN ARRANGE RECIPE 100
by batakomama
Copyright © 2024 by TAKARAJIMASHA, Inc., Tokyo
Original Japanese edition published by TAKARAJIMASHA, Inc., Tokyo
Korean translation rights arranged with TAKARAJIMASHA, Inc., Tokyo
through Shinwon Agency Co., Ltd., Seoul
Korean translation rights © 2025 by Sigma Book

머리말

안녕하세요! 식빵을 활용한 다양한 레시피를 소개하는 '바타코마마'입니다.

이 책을 고른 독자님은 어떤 분일까, 두근두근 설렘을 안고 인사드려요.

혹시 저처럼 아이를 키우는 분이라면 '주말에 아이랑 같이 만들어 봐야겠다!'하고 생각하며 레시피를 하나하나 들여다보고 계실지도 모르겠네요.

제가 식빵 레시피를 만들게 된 것은 연년생 아이들을 키우며 정신없이 바쁜 일상에 언제부턴가 취향마저 잊었음을 깨닫고부터였어요. 늘 비슷한 옷에 발이 편한 신발만 신었고 액세서리는 아예 엄두를 내지 못했죠. 아이가 어리니 화장실조차 편히 갈 수 없었고요. 사소한 일마저 참고 넘기면서 마음의 여유는 점점 사라지고 대신 우울함과 죄책감이 찾아와 결국 난 좋은 엄마가 아니라고 자책하게 되었어요. 즐겨 찾던 베이커리에 빵을 사러 가는 일조차 시간을 내기 어려워 포기하고 말았답니다.

그러다 '사러 갈 수 없다면 식빵으로 한번 만들어 볼까?'라는 생각에 레시피를 고안해 인스타그램에 올리기 시작했어요. 유명 베이커리 빵이나 프랜차이즈의 햄버거를 집에서 간단히 만들어 먹을 수 있다면 분명 부모와 아이 모두 행복해지리라 믿었거든요.

제 레시피가 늘 바쁜 부모님들에게 조금이라도 도움이 된다면, 그래서 가족의 즐거운 시간이 더 늘어난다면 진심으로 기쁠 듯합니다.

냉장고 안에 있을 법한 평범한 재료로 누구나 쉽게 만들 수 있는 레시피를 담았답니다.

휴일 아침 혹은 점심에 아이와 함께 휘리릭 만들어 맛있게 즐기기를 바랍니다!

contents

PART 3 매일 먹고 싶어요! 활용형 토스트

맛 보장! 햄버거 & 샌드위치

PART 4

아이들이 더 좋아해요! 디저트풍 식빵

PART 5

일러두기

- 식빵의 두께를 따로 적지 않은 레시피는 평소 선호하는 두께를 사용하면 됩니다.
- 레시피에 표기한 큰술은 15mL, 작은술은 5mL입니다.
- 메뉴 옆에 표시한 시계 아이콘은 조리에 필요한 시간입니다. 예열이나 냉동·냉장 시간은 포함하지 않았습니다.
- 조리 도구는 아이콘으로 표시했습니다.
- 채소는 조리 전에 충분히 세척 후 사용하십시오. 준비 과정은 레시피에 적지 않았습니다.
- 전자레인지 가열 시간은 500W 기준입니다. 기종에 따라 차이가 날 수 있습니다.
- 오븐 토스터의 온도와 가열 시간은 기종에 따라 차이가 날 수 있습니다.
- 이쑤시개나 나무 꼬치는 오븐 토스터의 열원에 직접 닿지 않아야 합니다. 발화의 원인이 될 수 있으므로 조리 중에는 자리를 뜨지 마십시오.
- 기름을 사용하는 레시피는 화재 방지와 안전을 위해 토스터에 알루미늄 포일을 깔고 재료를 넣으면 좋습니다.
- 레시피의 식용유는 평소 선호하는 식용 기름으로 대체해도 좋습니다.
- 다진 고기는 취향에 따라 고기 종류를 선택해 사용하십시오.
- 버터는 모두 가염버터를 사용했습니다. 마가린으로 대체할 수 있습니다.

종이 포일로 샌드위치 포장하는 법

버거나 샌드위치류는 자를 때 모양이 흐트러지기 쉽죠.
종이 포일을 이용하면 깔끔하게 자를 수 있답니다.

넉넉한 크기로 포일을 깔고 그 위에 버거나 샌드위치 재료를 쌓는다.

포일의 양 끝을 가운데에 모은다.

겹친 부분을 안쪽으로 2~3cm씩 접어 넣는다.

포일과 빵 사이에 틈이 생기지 않도록 팽팽히 당겨 감싸는 것이 포인트.

위쪽 남은 부분을 양쪽에서 눌러 접어 삼각형 모양을 만든다.

삼각형을 아래쪽으로 접어 넣는다.

아래쪽도 똑같이 접어 넣으면 완성. 자를 때는 점선을 따라 자른다.

Part 1

인기 레시피 BEST 10

인스타그램 팔로워 여러분에게 물었습니다.
"지금까지 소개한 레시피 중에서 책으로 다시 만나고 싶은 메뉴는 무엇인가요?"
여러분이 뽑은 BEST 10을 소개합니다.

팔로워 선정
제 1 위
인기 순위
소스가 킥!
집에 있는 재료를 섞기만 했는데도
깊은 맛이 나서 깜짝 놀랐죠.
아이가 극찬한 맛!
먹고 있으면서도 또 먹고 싶다네요.

빅버거

토스터　　프라이팬

재료(2개 분량)

식빵 ·· 2장
다진 고기 ······························ 80~100g
소금, 후추 ································ 약간씩
모차렐라 치즈(피자용) ·········· 20~30g
양상추 ······································ 2~3장
식용유 ···································· 1작은술

(Ⓐ)
　마요네즈 ···························· 1과 1/2큰술
　케첩 ································· 1과 1/2큰술
　간장 ································· 1작은술
　튜브형 간 마늘 ···················· 약 2cm
　양파(선택) ························ 약 1/8개

조리법

1 식빵 2장을 토스터에 넣어 노릇노릇하게 굽는다.

2 식빵을 굽는 동안 Ⓐ를 섞어 소스를 만들어 둔다. 다진 양파는 취향껏 더한다.

3 프라이팬에 식용유를 두르고 다진 고기를 볶는다.

4 소금, 후추로 간을 하고 식빵보다 조금 작은 사각형으로 모양을 잡는다.

5 약불로 줄인 뒤 **4** 위에 치즈를 얹고 식빵 1장을 덮는다. 빵을 좌우로 움직여도 재료가 떨어지지 않을 정도로 구워지면 뒤집어 꺼낸다(접시를 빵 위에 덮고 뒤집으면 쉽다).

6 **5** 위에 적당히 뜯은 양상추와 **2**의 소스, 남은 식빵 1장을 차례로 쌓고 절반으로 자른다.

다진 고기는 식빵보다 조금 작은 사각형으로 모양을 잡는다.

식빵을 좌우로 움직여도 재료가 떨어지지 않을 만큼 치즈가 녹을 때까지 굽는다.

팔로워
선정
제2위
인기 순위

정말 맛있어요!
식빵 한 봉지를 다 써버리고
싶을 만큼요.

집에 있는 재료로 휘리릭,
하지만 맛은 최상급!

초콜릿 크루아상

토스터

재료(1개 분량)

식빵(2cm 두께) ····················· 1장
판 초콜릿 ····························· 1/3개
식용유 또는 녹인 버터 ············· 적당량

조리법

1. 식빵 양쪽 모서리에서 안쪽으로 5~6cm, 2단으로 칼집을 낸다. 날개를 만든다고 생각하면 쉽다.

2. 식빵을 밀대로 납작하게 민다. 가운데는 세게, 날개 부분은 약하게 힘을 준다.

3. 판 초콜릿을 날개와 평행하게 놓은 뒤 날개 부분을 1장씩 교차로 감싸듯 포갠다. 마지막에 이쑤시개로 고정한다.

4. 알루미늄 포일 위에 **3**을 올려 식용유를 바른 뒤, 토스터에서 160~180도로 노릇해질 때까지 3분~5분가량 굽는다.
   ※ 낮은 온도에서 천천히 구워낸다.

5. 이쑤시개를 제거한다.

식빵에 칼집을 넣을 때는 칼을 천천히 움직인다. 빵 칼 사용 추천.

날개를 1장씩 교차해 감싸듯 모양을 만든다.

팔로워
선정

제 3 위

인기 순위

햄, 양배추, 케첩….
재료를 바꿔가며 만드는
핫 샌드위치!

치즈가 녹아내려서 정말 맛있어요.

구운 치즈 원팬 샌드위치

프라이팬

재료(1개 분량)

식빵 ································· 1장
모차렐라 치즈(피자용) ········· 20~30g
달걀 ································· 1개
마요네즈 ···························· 적당량

조리법

1 약불에 달군 사각 프라이팬에 치즈를 넣는다.

2 치즈가 녹기 시작하면 미리 풀어 둔 달걀을 넣고 마요네즈도 넣는다.

3 절반으로 자른 식빵을 올려 굽고 두 장을 동시에 뒤집는다.

4 뒤집은 면이 노릇해지면 식빵을 접어 올리듯 겹쳐 쌓는다.

식빵을 절반으로 잘라 나란히 굽는다.

두 장을 동시에 뒤집어 구운 뒤, 절반을 접어 올리듯 쌓는다.

팔로워 선정
제 4 위
인기 순위
색다른 방법으로 굽는 귀여운 도넛,
맛 또한 감동이에요.
식빵이 많이 남았을 때 활용하면
좋은 레시피♡

튀기지 않은 미니 도넛

토스터

재료(3개 분량)

식빵(2cm 두께) ·································· 1장
식용유 ·· 약 2큰술
설탕 ··· 적당량
콩가루, 코코아 분말(선택) ············· 적당량

조리법

1 미니 아이스크림 컵 크기 정도 되는 용기로 식빵을 둥글게 찍어낸다.

2 모양 틀 등을 이용해 중앙에 작은 원을 뚫는다(뚫지 않아도 OK).

3 빵 양면에 식용유를 적신 후, 토스터에 알루미늄 포일을 깔고 200도에서 3~4분 굽는다.

4 바닥 면도 노릇하게 구우려면 뒤집어서 30초~1분 정도 더 굽는다.

5 열이 식기 전에 설탕을 뿌린다. 취향에 따라 콩가루나 코코아 분말을 추가한다.

식빵 1장으로 미니 도넛 3개를 만들 수 있다.

작은 그릇에 식용유를 덜어 도넛을 넣고 적시면 편리하다.

팔로워 선정
제5위
인기 순위
스키야키 양념이 데리야키 소스가 된다고요?
식빵을 뚫고 재료를 넣는 놀라운 아이디어!

데리야키 에그 버거

전자레인지

프라이팬

재료(2개 분량)

식빵	2장
다진 고기	80~100g
모차렐라 치즈(피자용)	20~30g
달걀	1개
양상추	2~3장
식용유	2작은술

데리야키 소스

스키야키 양념(시판)	2큰술
물	2큰술
녹말가루	1작은술

마요네즈 소스

마요네즈	2큰술
설탕	1/2작은술
레몬즙	1/2작은술

데리야키 소스 만드는 법

내열 그릇에 재료를 모두 넣어 섞고 전자레인지에서 30초 가열한다. 다시 잘 섞어 30초 더 가열한 뒤 한 번 더 섞으면 완성.

마요네즈 소스 만드는 법

모든 재료를 넣어 잘 섞는다.

조리법

1 데리야키 소스와 마요네즈 소스를 만들어 둔다.

2 프라이팬에 식용유 1작은술을 두르고 다진 고기를 볶아 식빵보다 조금 작은 사각형으로 모양을 잡는다(15쪽 참조).

3 약불로 줄인 뒤 2 위에 치즈와 식빵 1장을 순서대로 얹는다. 식빵을 좌우로 움직여도 재료가 떨어지지 않을 정도로 구워졌다면 접시를 덮고 뒤집어서 꺼낸다.

4 프라이팬을 가볍게 닦아낸 뒤 3의 뒷면을 굽고 꺼내어 망 위에서 식힌다.

5 남은 식빵 1장에 지름 8센티미터 정도 컵을 이용해서 구멍을 낸다.

6 프라이팬에 식용유 1작은술을 두르고 5를 넣은 후 가운데 구멍에 달걀을 깨 넣는다.

7 찍어낸 식빵 조각을 달걀 위에 덮고 프라이팬 뚜껑도 덮어 약불로 2~3분 구운 뒤 뒤집어서 뒷면도 굽는다.

　※ 완숙으로 익히려면 3분 이상 굽는다.

8 4 위에 데리야키 소스, 양상추, 마요네즈 소스, 7 순서로 얹고 절반으로 썬다.

지름 8센티미터 컵으로 구멍을 낸다. 찍어낸 식빵도 버리지 않고 활용한다.

뚫린 자리에 달걀을 깨 넣고 찍어낸 식빵을 뚜껑으로 활용한다.

팔로워 선정
제 6 위
인기 순위
옥수수 토스트를 좋아하는 아이에게 해줬더니
어디서 샀냐고 묻더라고요.
시판 마요네즈 옥수수 토스트와
똑같은 맛이에요!

듬뿍듬뿍
옥수수 토스트

토스터

재료(1개 분량)

식빵(1.5cm 두께) ····················· 1장
샐러드용 옥수수 ····················· 적당량
※ 냉동 제품은 미리 해동해 둔다.

Ⓐ ┌ 마요네즈 ························· 2큰술
　 └ 쯔유(4배 농축) ················· 1작은술

조리법

1 식빵 좌우 끝을 밀대로 눌러 납작하게 만든다.

2 납작해진 가장자리를 둥글게 말아 이쑤시개로 고정한다.

3 Ⓐ를 잘 섞어 식빵 가운데에 고루 펴서 바르고 옥수수를 듬뿍 올린다.

4 노릇해질 때까지 토스터에 굽고 이쑤시개를 제거하면 완성.

밀대로 납작하게 누른 가장자리를 둥글게 만다.

이쑤시개로 고정할 때는 한쪽에 두 군데씩, 모두 네 곳을 고정한다.

만드는 동안 맛있는 냄새가 솔솔!
평소 말수가 적은 딸이
샌드위치 맛있었다고 칭찬해 줬어요.
팔로워
선정
제 7 위
인기 순위

베이컨 양상추 버거

토스터　프라이팬

재료(2개 분량)

식빵 ······································· 2장
베이컨(1/2크기) ····················· 2장
다진 고기 ······················ 80~100g
소금, 후추 ··························· 약간씩
모차렐라 치즈(피자용) ········ 20~30g
양상추 ································· 2~3장
식용유 ····························· 1작은술

마요네즈 소스 어른용

마요네즈 ··························· 2큰술
홀그레인 머스터드 ·········· 1작은술

마요네즈 소스 아이용

마요네즈 ··························· 2큰술
설탕 ···························· 1/2작은술
쯔유(4배 농축) ·············· 1/2작은술

조리법

1 식빵 2장을 토스터에 노릇하게 굽는다.

2 마요네즈 소스(어른용 또는 아이용 선택은 취향껏♪) 재료를 모두 섞어 둔다.

3 프라이팬에 베이컨을 굽고 꺼낸다.

4 프라이팬을 가볍게 닦은 뒤 식용유를 두른 다음 다진 고기를 볶는다.

5 소금과 후추로 간을 하고 식빵보다 조금 작은 사각형으로 모양을 잡는다(15쪽 참조).

6 약불로 줄여 **5**위에 치즈와 식빵 1장을 순서대로 얹는다. 식빵을 좌우로 움직여도 재료가 떨어지지 않을 정도로 구워졌다면 접시를 덮고 뒤집어서 꺼낸다.

7 **6**에 베이컨, 적당히 뜯은 양상추, 마요네즈 소스, 식빵 1장을 순서대로 얹고 절반으로 썬다.

28

바삭바삭 달걀 피자 토스트

프라이팬

재료(1개 분량)

※ 사진은 1개를 절반으로 자른 크기

식빵	1장
좋아하는 피자 재료	
(양파, 피망, 비엔나소시지 등)	적당량
모차렐라 치즈(피자용)	취향껏
달걀	1개
식용유	1작은술
케첩	2큰술
마요네즈(선택)	1큰술
블랙페퍼(선택)	적당량

조리법

1 피자 재료를 먹기 좋은 크기로 썬다.

2 달걀말이용 사각 프라이팬에 기름을 두르고 피자 재료를 볶는다.

3 적당히 익으면 일단 프라이팬에서 꺼낸 뒤, 빈 프라이팬은 가볍게 닦아 치즈를 넣는다.

4 치즈가 녹기 시작하면 풀어 둔 달걀을 넣고 피자 재료를 얹은 뒤 케첩과 마요네즈(선택), 식빵을 올린다.

5 식빵을 살짝 흔들었을 때 재료가 떨어지지 않을 정도로 익었다면 뒤집어 뒷면을 굽는다. 취향에 따라 블랙페퍼를 뿌린다.

6 케첩을 좋아한다면 윗면에 케첩(분량 외)을 뿌려 마무리한다.

치즈가 사진 정도 녹았을 때 풀어 둔 달걀을 넣는다.

어떤 재료든 충분히 익으니까, 피자 토핑은 무엇이든 OK.

팔로워 선정
제 9 위
인기 순위
이토록 간단하고, 이토록 맛있는 레시피라니!
네 살 딸이 정말 좋아하는 메뉴예요.
아이가 매번
극찬하는 맛이랍니다.

푸딩 프렌치토스트

전자레인지　프라이팬

재료(4개 분량)

식빵(2cm 두께) ·················· 1장
커스터드푸딩(시판) ·················· 1개(68g)
우유 또는 두유 ·················· 50mL
버터 ·················· 10g

조리법

1 푸딩과 우유를 내열 용기에 담아 섞는다.
※ 내열 용기는 식빵이 잠길 만한 크기를 고른다.

2 식빵을 4등분해 **1**에 담가 적신 뒤 전자레인지에 넣어 1분간 데운다. 식빵을 뒤집어 뒷면도 마찬가지로 1분간 데운다.

3 프라이팬에 버터를 녹여 식빵을 넣고 약불~중불로 양면 모두 적당히 굽는다.

테두리 활용법

1 **2**에서 남은 푸딩 + 우유에 식빵 테두리(식빵 2장 분량)를 적셔 식용유를 1~2큰술가량 두른 프라이팬에 넣고 굽는다.

2 설탕(적당량)을 뿌리면 미니 프렌치토스트 완성♪

푸딩은 잘 섞어서 뭉친 부분을 없앤다.

식빵을 한쪽 면씩 충분히 담가 적셔야 더 맛있다.

팔로워 선정
제 10 위
인기 순위
스키야키 양념＋마요네즈＝데리야키 마요네즈 소스!
굳이 새로 사지 않아도 돼요.
계속 먹고 싶은 위험한 맛!

데리야키 마요네즈
옥수수 토스트

재료(1장 분량)

식빵 ·· 1장
마요네즈 ································ 2~3큰술
스키야키 양념(시판) ················ 2~3큰술
샐러드용 옥수수 ·························· 취향껏
※ 냉동 제품은 미리 해동해 둔다.
파슬리 가루(선택) ························· 약간

조리법

1 마요네즈와 스키야키 양념을 옥수수에 넣어 섞는다.

2 **1**을 식빵에 고루 펼치고 노릇해질 때까지 토스터에 굽는다.

3 파슬리 가루(선택)를 뿌린다.

빠지면 섭섭! 식빵 테두리 활용법

고소한 호두가 입안 가득!

호두 캐러멜 러스크

토스터

7 min

재료

식빵 테두리 ·················· 식빵 2장 분량
연유 ······························· 약 3~4큰술
튜브형 버터 ······················· 2큰술
구운 호두(무염) ·············· 약 30~40g
※ 집에 남은 견과류도 OK.

조리법

1 식빵 테두리를 먹기 좋은 크기로 자른다.

2 볼에 연유, 버터, 호두(분량 절반은 분쇄하고 나머지는 그대로), 1을 넣어 섞는다.

3 알루미늄 포일에 2를 올려 토스터에서 180도로 3~4분 굽는다.

Part 2

아이디어 한 끼 식빵

베이커리에서 볼 수 있는
개성 넘치는 빵들을 식빵으로 만들어 봅시다!
생김새도 맛도 식빵 같지 않은 깜짝 레시피를 소개합니다.

쭉쭉 늘어나는
치즈 핫도그

전자레인지

토스터

재료(1개 분량)

식빵(2cm 두께)	1장
슬라이스치즈	1장
스트링 치즈	1개
올리브유	적당량
케첩(선택)	적당량
머스터드(선택)	적당량

조리법

1 식빵은 테두리를 자르고 전자레인지에 10~20초 가열한 뒤 슬라이스치즈를 얹는다.

2 스트링 치즈를 꼬치에 끼워 1에 올리고 돌돌 말아준다.

3 토스터용 접시에 알루미늄 포일을 깔고 2를 올린 뒤 바삭한 식감을 위해 올리브유를 바른다.

4 180도로 4분가량, 먹음직한 색으로 구워질 때까지 익힌다.

5 추가로 전자레인지에서 30초 가열해 치즈를 녹인다.

6 취향껏 케첩과 머스터드를 두른다.

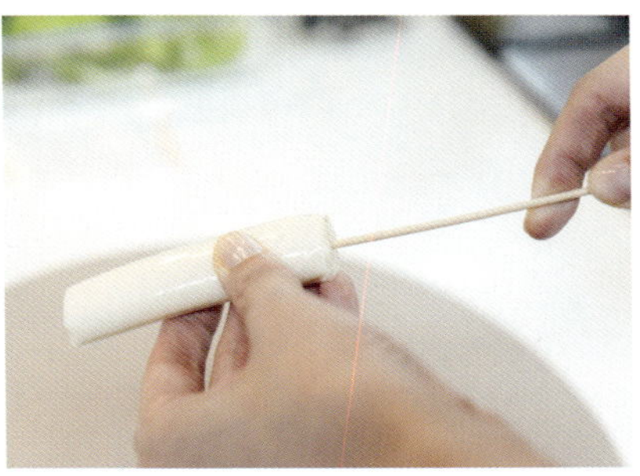

스트링 치즈는 1/3 정도만 꼬치에 끼운다.

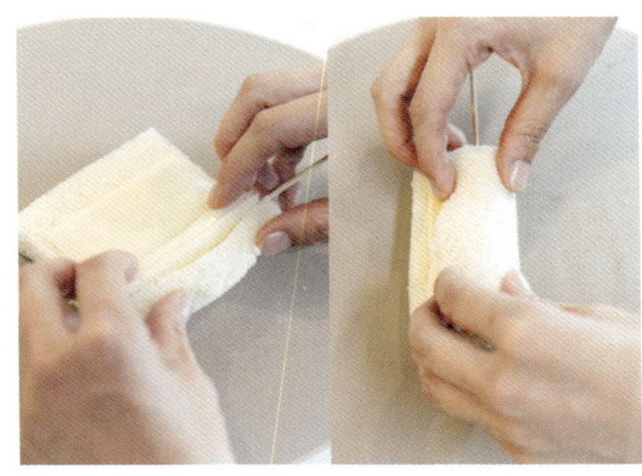

식빵을 말아 모양을 잡는다. 끝단에 물을 살짝 바르고 누르면 잘 붙는다.

천국의 맛

단짠단짠 치즈 핫도그

재료(1개 분량)

식빵(2cm 두께) ······················· 1장
슬라이스치즈 ···························· 1장
스트링 치즈 ····························· 1개
올리브유 ······························· 2큰술
치즈 가루 ····························· 2작은술
블랙페퍼 ······························· 약간
꿀 ···································· 약간

조리법

1 식빵은 테두리를 자르고 전자레인지에서 10~20초 가열한 뒤 슬라이스치즈를 얹는다.

2 스트링 치즈를 꼬치에 끼워 **1**에 올리고 돌돌 말아준다(37쪽 참조).

3 토스터용 접시에 알루미늄 포일을 깔고 **2**를 올린 뒤 바삭한 식감을 위해 올리브유에 치즈 가루와 블랙페퍼를 섞어 겉면에 바른다.

4 180도로 4분가량, 먹음직한 색으로 구워질 때까지 토스터에서 익힌다.

5 추가로 전자레인지에 30초 돌려 치즈를 녹인다.

6 꿀을 두른다.

화이트소스와 치즈의 운명적 만남

화이트 크로크무슈

재료(1개 분량)

※ 사진은 1개를 절반으로 자른 크기

식빵 ·· 2장

화이트소스

크림 스튜 분말 ···················· 3큰술

따뜻한 물 ···························· 4큰술

우유 ···································· 4큰술

모차렐라 치즈(피자용) ················ 15g

햄 ··· 1장

모차렐라 치즈(피자용)

················· 적당량(위에 올리는 용도)

조리법

1 내열 용기에 크림 스튜 분말을 넣고 따뜻한 물을 조금씩 부어 잘 녹인다.

2 우유를 넣어 섞고 전자레인지에서 1분 가열한다.

3 가루 덩어리가 없어질 때까지 섞고 추가로 1분 더 가열한다.

4 **3**을 잘 섞고 열이 식기 전에 치즈를 넣어 섞으면 화이트소스 완성.

5 식빵 1장에 **4**를 절반 분량만큼 바르고 햄을 얹은 뒤 남은 식빵을 얹고 남은 **4**를 모두 바른다.

6 모차렐라 치즈를 올려 180도로 가열한 토스터에서 5~6분 굽는다.

바삭바삭 카레빵

전자레인지　프라이팬

재료(1개 분량)

※ 사진은 1개를 절반으로 자른 크기

식빵(1.5cm 두께)	2장
카레	3~4큰술
모차렐라 치즈(피자용)	30~40g

조리법

1 식빵은 미리 테두리를 잘라둔다. 바닥에 랩을 펼친 뒤 식빵 1장을 놓고 가운데 부분에 카레를 올린다.

2 식빵의 바깥 선을 따라 물(분량 외)을 바르고, 남은 식빵 1장을 덮은 뒤 랩으로 꼼꼼히 감싼다.

3 전자레인지로 30초 가열 후 랩을 제거하고 식빵 바깥 선을 따라 포크로 눌러가며 봉한다.

4 약불에서 달군 프라이팬에 치즈를 분량 절반만 넣고 위에 **3**을 올려 굽는다.

5 바삭하게 구워지면 일단 꺼내고, 남은 치즈를 프라이팬에 넣어 뒷면도 굽는다.

※ 칼로리가 걱정된다면 치즈는 한쪽 면에만 넣어준다.

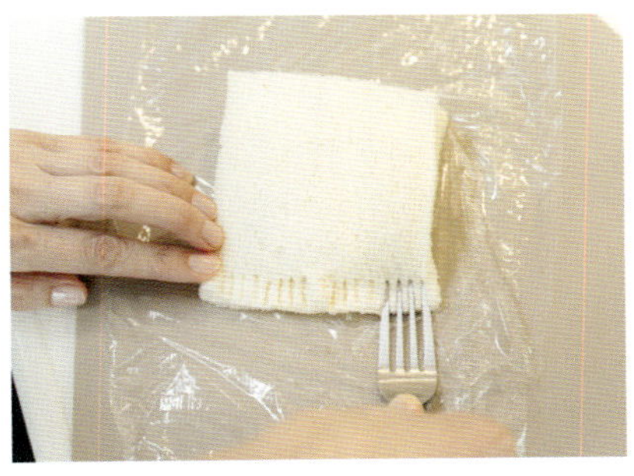

2장의 식빵을 봉인하듯 포크로 누른다. 4면 모두 꼼꼼히.

잘 봉인된 모양. 치즈 위에 올려 굽는다.

전자레인지로 만드는 화이트소스

그라빵

재료(1인분)

식빵 ·· 1장

화이트소스

크림 스튜 분말 ··· 2큰술

따뜻한 물 ·· 2큰술

우유 ··· 2큰술

햄 ··· 1장

모차렐라 치즈(피자용) ··· 적당량

파슬리 가루 ·· 적당량

조리법

1 내열 볼에 크림 스튜 분말을 넣고 따뜻한 물을 조금씩 부어 잘 녹인다.

2 우유를 넣어 섞고 전자레인지에서 30초 가열한다.

3 가루 덩어리가 없어질 때까지 젓고 추가로 30초 가열한다. 전자레인지에서 꺼내 다시 섞으면 화이트소스 완성.

4 식빵을 가로세로 1.5cm 크기로 자르고 그라탕 용기에 넣는다. 햄도 먹기 좋은 크기로 잘라 넣는다.

5 **3**과 모차렐라 치즈를 얹고 토스터에 넣어 노릇해질 때까지 굽는다.

6 파슬리 가루를 뿌린다.

프랑크소시지 빵

재료(1개 분량)

식빵(1.5cm 두께)	1장
모차렐라 치즈(피자용)	적당량
프랑크소시지	1개
(또는 비엔나소시지 2개)	
케첩	적당량
홀그레인 머스터드(선택)	적당량
양상추(선택)	적당량

조리법

1 식빵 양쪽 끝을 밀대로 납작하게 민다.

2 납작하게 민 쪽을 둥글게 말아 치즈를 안에 채운 뒤 이쑤시개로 고정한다 (25쪽 참조).

3 **2**와 알루미늄 포일에 얹은 소시지를 토스터에 넣고 적당히 익을 때까지 굽는다. 프랑크소시지가 상대적으로 덜 익었다면 소시지만 추가로 더 굽는다.

4 이쑤시개를 제거하고 소시지, 케첩, 머스터드(선택), 양상추(선택)를 올린다.

바삭함을 사랑한다면

소금 버터 크루아상

재료(1개 분량)

식빵(2cm 두께) ···················· 1장
버터 ···································· 10~20g
소금 ···································· 적당량

조리법

1 식빵 양쪽 모서리에서 안쪽으로 5~6cm, 2단으로 칼집을 낸다. 날개를 만든다고 생각하면 쉽다(17쪽 참조).

2 식빵을 밀대로 납작하게 민다. 가운데는 세게, 날개 부분은 약하게 힘을 준다.

3 내열 용기에 버터를 넣고 랩을 씌워 전자레인지에서 30초 가열한다. 버터의 절반 분량만 소금과 함께 **2**에 뿌려준다.

4 날개 부분을 1장씩 교차로 감싸듯 포개고 이쑤시개로 고정한다(17쪽 참조).

5 남은 버터와 소금을 겉면에 뿌리고 160~180도로 가열한 토스터에 넣고 먹음직스러운 색이 될 때까지 3~5분 굽는다.

6 이쑤시개를 제거하면 완성.

치즈 카레 크루아상

토스터

7 min

재료(1개 분량)

식빵(1.5cm 두께)	1장
카레	적당량
모차렐라 치즈(피자용)	적당량
올리브유	약간

조리법

1 식빵 양쪽 모서리에서 안쪽으로 5~6cm, 1단으로 칼집을 낸다. 날개를 만든다고 생각하면 쉽다(17쪽 참조).

2 식빵을 밀대로 납작하게 민다. 가운데는 세게, 날개 부분은 약하게 힘을 준다.

3 카레와 치즈를 얹고 날개 부분을 1장씩 교차로 감싸듯 포갠다. 마지막에 이쑤시개로 고정한다(17쪽 참조).

4 올리브유를 전체에 바르고 160~180도로 가열한 토스터에 넣어 노릇노릇해질 때까지 3~5분 굽는다.

5 이쑤시개를 제거하면 완성.

토스터

매일 아침 찾게 되는

햄 치즈 크루아상

재료(1개 분량)

식빵(2cm 두께) ·························· 1장

Ⓐ ┌ 마요네즈 ·························· 2큰술
   │ 튜브형 간 마늘 ················ 2cm
   └ 파슬리 가루 ···················· 적당량

햄 ······································ 1장
모차렐라 치즈(피자용) ············· 적당량

조리법

1 식빵 양쪽 모서리에서 안쪽으로 5~6cm, 2단으로 칼집을 낸다. 날개를 만든 다고 생각하면 쉽다(17쪽 참조).

2 식빵을 밀대로 납작하게 민다. 가운데는 세게, 날개 부분은 약하게 힘을 준다.

3 Ⓐ를 섞어 절반 분량을 식빵 표면에 바르고 햄과 치즈를 올린다.

4 날개 부분을 1장씩 교차로 감싸듯 포갠다. 마지막에 이쑤시개로 고정한다 (17쪽 참조).

5 겉면에 남은 Ⓐ를 바르고 160~180도로 가열한 토스터에 넣어 노릇노릇해 질 때까지 3~5분 굽는다.

6 이쑤시개를 제거하면 완성.

꿀 치즈 세모빵

오븐

재료(2인분)

식빵	2장
버터	50g
설탕	50g
달걀	1개
박력분(쌀가루 가능)	50g
모차렐라 치즈(피자용)	적당량
꿀	적당량

조리법

1 오븐을 200도로 예열한다.

2 상온에 미리 꺼내둔 버터에 설탕과 풀어 둔 달걀을 순서대로 넣어 섞는다.

3 **2**에 박력분을 체 쳐서 넣고 섞으면 반죽 완성.

4 식빵을 세모 모양으로 2등분해 유산지 위에 놓는다.

5 **4**의 식빵 가운데를 숟가락으로 눌러 살짝 패인 자리에 치즈를 얹고 그 위에 **3**을 올린다.

6 200도 오븐에서 9~10분가량 굽는다.

7 꿀을 두른다.

치즈를 먼저 얹고 그 위에 반죽을 올린다.

한입 옥수수빵

오븐

재료(2인분)

식빵	2장
버터	50g
옥수수수프 분말	약 18g
달걀	1개
박력분(쌀가루 가능)	50g
샐러드용 옥수수	적당량

※ 냉동 제품은 미리 해동해 둔다.

조리법

1 오븐을 200도로 예열한다.

2 상온에 미리 꺼내둔 버터에 옥수수수프 분말과 풀어 둔 달걀을 순서대로 넣어 섞는다.

3 **2**에 박력분을 체 쳐서 넣고 섞으면 반죽 완성.

4 식빵을 좋아하는 모양으로 자른다(사진은 6등분).

5 오븐에 유산지를 깔고 식빵을 놓은 뒤, **3**과 옥수수를 얹는다.

6 200도로 9~10분 굽는다.

프랑크소시지 치즈빵

프라이팬

재료(1개 분량)

※ 사진은 1개를 절반으로 자른 크기

식빵	1장
프랑크소시지	1개
모차렐라 치즈(피자용)	적당량
케첩	적당량

조리법

1 식빵은 테두리를 잘라 밀대로 가볍게 밀어서 준비한다.

2 달걀말이용 사각 프라이팬에 미리 소시지를 구워서 접시에 따로 둔다.

3 팬을 가볍게 닦고 치즈를 넣어 넓게 편 뒤 식빵을 얹는다.

4 식빵을 좌우로 흔들었을 때 치즈가 떨어지지 않는다면, 소시지와 케첩을 올린다.

5 롤 모양으로 말아 굽는다. 이대로 내놓아도, 한입 크기로 잘라 내놓아도 OK.

요리용 집게와 뒤집개를 사용하면 편리하다.

감자샐러드 치즈빵

재료(1개 분량)

※ 사진은 1개를 네 조각으로 자른 크기

식빵 ································· 1장
모차렐라 치즈(피자용) ············ 적당량
감자샐러드 ······················· 적당량

조리법

1 식빵은 테두리를 자르고 밀대로 가볍게 편다.

2 달걀말이용 사각 프라이팬에 치즈를 뿌리고 식빵을 얹는다.

3 식빵을 좌우로 움직여 치즈가 떨어지지 않는지 확인한 뒤 감자샐러드를 올린다.

4 롤 모양으로 둥글게 만다. 요리용 집게와 뒤집개를 사용하면 쉽게 말 수 있다(53쪽 참조).

풍성한 한 끼 식사

비빔빵

재료(1인분)

식빵	1장
양배추	2~3장
모차렐라 치즈(피자용)	적당량
가쓰오부시	적당량
가늘게 자른 김	적당량
감자칩류 스낵(콩소메 맛)	3~4개
Ⓐ 홀그레인 머스터드	1작은술
마요네즈	2큰술

조리법

1 토스터에 구운 식빵을 약 1.5cm 정사각 모양으로 자른다.

2 1을 내열 용기에 넣고 채 썬 양배추, 치즈를 올린다. 전자레인지로 30초 가열해 치즈를 녹인다.

3 사진처럼 가쓰오부시, 김, 작게 부순 감자칩을 넣는다.

4 Ⓐ를 섞어 가운데에 올린다.
※ 전체가 잘 섞이게 비벼서 먹는다♪

갈릭 치즈피자

7
min

토스터

재료(2장 분량)

※ 사진은 1개를 네 조각으로 자른 크기

식빵	2장
튜브형 버터	4~5큰술
튜브형 간 마늘	2~3cm
크림치즈	3~4큰술
모차렐라 치즈(피자용)	적당량
파슬리 가루(선택)	적당량

조리법

1 버터와 마늘을 섞어 식빵에 바른다.

2 1 위에 크림치즈와 모차렐라 치즈를 올린다.

3 겉면이 노릇해질 때까지 토스터에 넣어 굽는다.

4 취향에 따라 파슬리 가루를 뿌린다.

미니 소시지 롤

전자레인지　토스터

재료(3개 분량)

식빵 ·· 1장
프랑크소시지(중간 길이) ·········· 3개
케첩 ·· 적당량
모차렐라 치즈(피자용) ················ 적당량

조리법

1 소시지를 랩으로 감싸 전자레인지에 넣고 30초 가열한다.
※ 30초 이상 가열하면 소시지가 터지므로 주의할 것.

2 식빵을 아래 사진처럼 비스듬히 3등분한다.

3 밀대로 가볍게 밀어 둔다.

4 케첩과 치즈, 비엔나소시지 순으로 얹어 둥글게 만다.

5 이쑤시개로 빵 끝을 꿴 다음 토스터에 넣어 겉면이 노릇해질 때까지 굽는다.

6 이쑤시개를 제거한다.

비스듬히 3등분한다.

참치마요 파니니

프라이팬

재료(1개 분량)

※ 사진은 1개를 절반으로 자른 크기

식빵(1.5cm 두께)	1장
버터	20g
참치 통조림	1/2캔
마요네즈	1큰술
모차렐라 치즈(피자용)	적당량

조리법

1 프라이팬에 버터를 녹여 식빵 양면을 굽는다. 뒤집개로 눌러가며 골고루 구워준다.

  ※ 프라이팬 가장자리에 손이 닿지 않게 조심!

2 참치는 기름을 빼고 마요네즈와 섞어 식빵에 올린다. 치즈를 얹고 빵을 절반으로 접는다.

3 몇 번 더 눌러가며 치즈가 녹을 때까지 굽는다.

참치와 마요네즈 위에 모차렐라 치즈를 올려 절반으로 접고 누른다.

단무지 크림치즈 카나페

냉동고   토스터

재료(8개 분량)

식빵(1.5cm 두께) ···················· 1장
단무지 ····························· 2~3cm
크림치즈 ·························· 3~4큰술

조리법

1 냉동한 식빵을 4등분하고 각각 세워서 한 번 더 자른다.

2 토스터에 넣고 140~160도로 2~3분 굽는다.
※ 얇아서 타기 쉬우니 저온으로 굽고, 구울 때는 자리를 떠나지 않는다.

3 단무지를 잘게 썰어 크림치즈와 섞어 두었다가 구운 식빵에 얹는다.

냉동한 식빵을 해동하지 않고 자른다. 식칼 윗부분을 손바닥으로 지긋하게 눌러 자른다.

각각의 조각을 세워 세로로 자른다. 손을 베지 않도록 조심!

재료를 섞어 빵에 바르면 끝!

가쓰오부시 카나페

재료(8개 분량)

식빵(1.5cm 두께) ························· 1장

┌ 가쓰오부시 ··················· 1팩(3g)
Ⓐ │ 마요네즈 ······················· 2~3큰술
└ 쯔유(4배 농축) ··············· 1작은술

파슬리 가루(선택) ····················· 적당량

조리법

1 냉동한 식빵은 테두리를 잘라 삼각형으로 4등분한 뒤, 세워서 한 번 더 자른다(63쪽 참조).

2 토스터에 넣고 140~160도에서 2~3분 굽는다.
※ 얇아서 타기 쉬우니 저온으로 굽고, 구울 때는 자리를 뜨지 않는다.

3 Ⓐ를 잘 섞어 식빵이 구워지면 위에 얹는다.

4 파슬리를 뿌린다(선택).

안주로도 좋아요!

명란 크림치즈 카나페

재료(8개 분량)

식빵(1.5cm 두께) ························· 1장
명란젓 ····································· 약 2개
크림치즈 ···································· 적당량

조리법

1 냉동한 식빵을 4등분한 뒤, 세워서 한 번 더 자른다(63쪽 참조).

2 토스터에 넣고 140~160도에서 2~3분 굽는다.
   ※ 얇아서 타기 쉬우니 저온으로 굽고, 구울 때는 자리를 뜨지 않는다.

3 명란젓을 먹기 좋은 크기로 나누어 크림치즈와 함께 구운 식빵에 얹는다.

바삭 잔멸치 치즈 칩

프라이팬

재료(4개 분량)

식빵(1.5cm 두께) ·························· 1장
모차렐라 치즈(피자용) ············· 약 80g
잔멸치 ································· 적당량
블랙페퍼 ································ 약간

조리법

1 식빵은 테두리를 자르고 밀대로 납작하게 만든 뒤 4등분한다.

2 프라이팬에 치즈, 식빵 순으로 넣고 치즈가 바삭해지면 뒤집어 뒷면도 굽는다.

3 서로 달라붙은 치즈를 4등분한 식빵 크기로 나눈다.

4 잔멸치를 얹고 블랙페퍼를 뿌리면 완성.

간단 포트파이

재료(1개 분량)

식빵 ……………………………… 1장
수프 …………………………… 1컵 분량
※ 남은 스튜나 카레, 무엇이든 OK.
모차렐라 치즈(피자용, 선택) ……… 적당량
튜브형 버터 ………………………… 적당량

조리법

1 식빵은 테두리를 자르고 밀대로 얇게 밀어 둔다.

2 내열 컵에 따뜻한 수프와 치즈(선택)를 넣고 **1**을 덮어 조리용 실로 묶는다(사진).

3 표면에 버터를 바르고 윗면이 노릇해질 때까지 잘라둔 식빵 테두리와 함께 토스터에 넣어 굽는다.

티스푼으로 윗면을 깨뜨려 수프와 함께 먹는다. 식빵 테두리에 찍어 먹어도 최고♪

빠지면 섭섭! 식빵 테두리 활용법

2

샐러드와 수프에 곁들여 봐요♪

5분 완성 크루통

재료

식빵 테두리 ·············· 식빵 2~3장 분량
※ 또는 두께 1.5cm 식빵 1장.
올리브유 ························· 약 1~2큰술
허브 솔트 ····························· 1작은술

조리법

1 식빵 테두리를 1~2cm 길이로 자른다.

2 볼에 넣고 올리브유와 허브 솔트를 뿌려 섞는다.

3 알루미늄 포일 위에 올려 토스터에 넣고 약 250
도로 2분간 굽는다. 한 번 뒤집어 뒷면도 1~2분
가량 굽는다.

※ 타지 않도록 잘 지켜본다.

Part 3

활용형
토스트

버터만 발라 구운 바삭한 토스트도 맛있지만,
재료를 추가해서 더욱 맛있게!
그날그날 취향에 따라 바꿔 먹는 재미가 있답니다♪

바삭 치즈 오픈샌드위치

프라이팬

재료(1장 분량)

식빵	1장
모차렐라 치즈(피자용)	30~40g
달걀	1개
햄	1장
마요네즈	적당량
블랙페퍼	약간

조리법

1 달구지 않은 프라이팬에 도넛 모양으로 치즈를 올리고 가운데에 달걀을 깨뜨려 넣는다.

2 약~중불로 가열해 흰자가 하얗게 변하면 노른자를 터뜨리고 햄, 식빵 순으로 얹는다.

3 식빵을 좌우로 흔들었을 때 재료가 떨어지지 않으면 뒤집어서 뒷면도 굽는다.

4 접시에 옮겨 담고 마요네즈와 블랙페퍼를 뿌린다.

POINT!

노른자를 터뜨리지 않고 반숙으로 먹어도 맛있어요♪

치즈로 도넛 모양을 만든 후 가운데에 달걀을 깨뜨려 넣는다.

온천 달걀 토스트

재료(1장 분량)

식빵 ·· 1장
달걀 ·· 1개
마요네즈 ··· 적당량
모차렐라 치즈(피자용) ··························· 취향껏
파슬리 가루(선택) ································· 약간

조리법

1 냄비에 물을 끓여 불을 끈 다음 달걀을 껍질째 넣는다. 15분 후, 달걀을 차가운 물에 넣어 식히고 껍질을 벗기면 온천 달걀 완성.
※ 찬물에 완전히 식히지 않으면 잔열 때문에 달걀이 단단해져요.

2 식빵 가장자리를 따라 네모 모양으로 마요네즈를 두른다.

3 가운데에 **1**의 달걀과 치즈를 올린다.

4 노릇노릇해질 때까지 토스터에 넣어 굽는다. 취향에 따라 파슬리를 뿌린다.

까르보나라 토스트

재료(1장 분량)

식빵	1장
달걀	1개
소금, 후추	약간씩
모차렐라 치즈(피자용)	20~30g
채 썬 베이컨	적당량
식용유	1작은술

조리법

1 볼에 달걀, 소금, 후추, 치즈를 넣어 섞는다.

2 식용유를 두른 프라이팬에 베이컨을 넣고 센불에 볶는다.

3 베이컨이 구워지면 불을 끄고 곧바로 1을 넣어 잔열로 달걀이 반숙 정도로 익을 때까지 섞어준다.

4 토스터로 구운 식빵 위에 얹는다.

노른자 쏙 토스트

토스터

재료(1장 분량)

식빵 1장
달걀 1개
마요네즈 .... 1과1/2~2큰술
치킨스톡(분말) 1작은술
설탕 1작은술

조리법

1 볼에 달걀흰자를 넣는다. 노른자는 따로 덜어 둔다.

2 **1**에 마요네즈, 치킨스톡, 설탕을 넣어 섞는다.

3 숟가락으로 식빵 가운데를 가볍게 누르고 **2**를 빵에 전체적으로 얹는다. 가운데 부분에는 노른자를 올린다.

4 토스터에 넣고 낮은 온도로 4~5분 굽는다.

퐁실퐁실 에그 샌드 토스트

재료(1개 분량)

식빵	1장
버터	적당량
베이컨(1/2 크기)	2장
달걀	1개
우유	2큰술
Ⓐ 마요네즈	2큰술
꿀	1작은술
튜브형 간 마늘(선택)	약간
물	1/2작은술
슬라이스치즈	1장
블랙페퍼(선택)	약간

조리법

1 식빵에 버터를 바른다. 베이컨은 알루미늄 포일 위에 얹는다. 식빵과 베이컨을 함께 토스터에 넣어 노릇하게 굽는다.

2 내열 용기에 달걀과 우유를 넣어 섞는다.

3 2에 랩을 씌워 전자레인지에 넣고 30초 가열한 뒤 섞는다. 한 번 더 가열 후 섞으면 반숙 스크램블드에그 완성.

4 Ⓐ를 섞어 소스를 만든다.

5 1의 식빵 한가운데를 조리용 젓가락으로 고정한 채 둥글게 접어 파운드케이크 틀에 넣고 슬라이스치즈, 베이컨, 스크램블드에그 순으로 넣는다.

6 4의 소스를 얹고 블랙페퍼(선택)를 뿌린다.

달걀부침 토스트

프라이팬

재료(1장 분량)

식빵 ··· 1장
달걀 ··· 1개
부추 ·· 적당량
Ⓐ
　마요네즈 ··· 1작은술
　치킨스톡(분말) ································· 1/2작은술
　소금 ··· 약간
참기름 ··· 1작은술

조리법

1 식빵 테두리 안쪽을 네모 모양으로 잘라 낸다.

2 볼에 달걀, 먹기 좋은 크기로 자른 부추, Ⓐ를 넣어 섞는다.

3 참기름을 두른 프라이팬에 네모난 식빵 틀을 넣고 굽는다.

4 틀 안 공간에 **2**를 부어 넣은 다음, 그 위에 잘라 냈던 식빵을 덮는다.

5 아랫면이 익으면 뒤집어서 반대편도 적당히 굽는다.

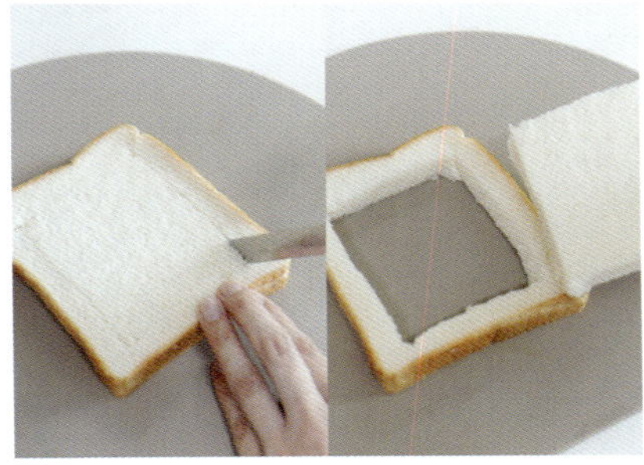
식빵 테두리에서 조금 안쪽을 자른다.

틀 안에 달걀물을 부어준다.

내 맘대로 피자 토스트

재료(1장 분량)

식빵 ··· 1장
좋아하는 피자 재료(양파, 피망, 소시지 등)
··· 적당량
모차렐라 치즈(피자용) ················· 20~30g
케첩 ·· 약 2큰술
마요네즈(선택) ····························· 약 1큰술
식용유 ··· 1작은술

조리법

1 좋아하는 피자 재료를 먹기 좋은 크기로 썬다.

2 프라이팬에 식용유를 두르고 썬 재료를 중불에서 볶는다.

3 약불로 줄이고 볶던 재료를 한쪽으로 민 다음 가운데에 치즈를 넣는다.

4 치즈가 녹기 시작하면 재료들을 치즈 위에 올리고 케첩과 마요네즈(선택), 식빵을 차례로 올린다.

5 식빵을 좌우로 흔들어 재료가 모두 잘 붙어 있다면 뒤집어서 뒷면도 굽는다.

※ 케첩을 좋아한다면 피자 위에 뿌려 먹어도 OK!

볶은 재료를 일단 한쪽에 밀어 두고 가운데에 치즈를 넣는다.

치즈 위에 다시 재료를 얹는다.

치즈 토스트

재료(1장 분량)

식빵 ·· 1장
모차렐라 치즈(피자용) ··············· 취향껏
버터 ·· 적당량

조리법

1 약~중불로 가열한 프라이팬에 치즈를 넣는다.

2 치즈 위에 식빵을 올리고 치즈가 빵에서 떨어지지 않을 정도로 구워지면 꺼
낸다.

3 프라이팬에 버터를 넣어 녹인 뒤 **2**를 뒤집어 뒷면을 굽는다.

치즈를 사랑한다면♡

쫀득쫀득 치즈 토스트

재료(1장 분량)

식빵 ·································· 1장
모차렐라 치즈(피자용) ············ 30~40g
우유 또는 두유 ················· 1~1과1/2큰술

조리법

1 식빵에 격자무늬로 칼집을 넣어 노릇노릇해질 때까지 토스터에 굽는다.

2 내열 볼에 치즈와 우유를 넣어 랩을 씌우지 않고 전자레인지에서 40~50초 가열한다.

   ※ 쫀득한 질감이 될 때까지 상태를 보면서 가열한다.

3 **2**를 섞어서 구운 식빵 위에 고루 붓는다.

   ※ 조금 더 진한 맛을 원한다면 마요네즈 또는 소금을 추가로 뿌린다.

허니 치즈 토스트

토스터

재료(1장 분량)

식빵 ·· 1장
튜브형 버터 ··· 1큰술
모차렐라 치즈(피자용) ···················· 취향껏
꿀 ·· 1큰술
블랙페퍼 ··· 약간

조리법

1 식빵에 버터를 바르고 치즈를 올려 토스터에 넣고 노릇하게 굽는다.

2 꿀을 두르고 블랙페퍼를 뿌린다.

쭈~욱 치즈 토스트

토스터

재료(1장 분량)

식빵 ·· 1장
마요네즈 ···································· 2~3큰술
모차렐라 치즈(피자용)
    ············ 적당량(빵에 골고루 얹을 만큼만)
가쓰오부시 ································ 취향껏
김 가루(선택) ······························ 약간

조리법

1 마요네즈, 치즈, 가쓰오부시를 섞어서 식빵에 고루 얹는다.

2 노릇노릇해질 때까지 토스터에 굽고 꺼낸 뒤 김 가루를 뿌린다.

꿀팁!

마요네즈와 치즈를 섞어 구우면……마요네즈의 기름 성분(유지)이 치즈를 끊어지지 않고 쭉쭉 늘어나게 해 준답니다.

피자샵의 불고기피자 맛 그대로!

불고기 치즈 토스트

재료(1장 분량)

식빵 ···································· 1장
소고기 ····························· 50~60g
양파 ································· 1/8개

Ⓐ
스키야키 양념(시판) ············· 1큰술
요리용 술 ······················· 1작은술
튜브형 간 마늘 ························ 1cm
튜브형 간 생강 ························ 1cm
설탕 ····························· 1작은술
고운 고춧가루(선택) ·············· 적당량

모차렐라 치즈(피자용) ················ 적당량
버터 ··································· 약간
마요네즈(선택) ······················ 적당량
파슬리 가루(선택) ····················· 약간
식용유 ······························ 1작은술

조리법

1 소고기는 먹기 좋은 크기로 썰고 양파는 얇게 썬다. Ⓐ를 모두 섞어 둔다.

2 프라이팬에 식용유를 두르고 중불로 가열한 뒤 소고기와 양파를 넣어 볶다가 Ⓐ를 넣고 섞는다.

3 어느 정도 익으면 약불로 줄여 재료를 가운데 모은 뒤 치즈, 식빵 순으로 덮는다. 식빵을 좌우로 움직여도 재료가 떨어지지 않을 정도로 익으면 접시를 씌우고 뒤집어 꺼낸다.

4 팬을 가볍게 닦고 버터를 넣어 녹인다. **3**을 다시 팬에 넣어 뒷면을 굽는다.

5 취향에 따라 마요네즈, 파슬리를 뿌려 먹는다.

소금빵 토스트

재료(1장 분량)

식빵 ································· 1장
튜브형 버터 ······················ 3큰술
소금 ····························· 약간

조리법

1 약불로 가열한 프라이팬에 버터를 분량의 절반만 넣어 녹인 뒤, 식빵을 굽는다.

2 식빵을 일단 꺼낸다. 남은 분량의 버터를 팬에 넣어 녹이고 식빵을 다시 넣어 뒷면을 굽는다.

3 소금을 뿌린다.

베이커리 못지않은 맛!

명란마요 토스트

토스터

재료(1장 분량)

식빵 ·························· 1장

Ⓐ
마요네즈 ·············· 약 2큰술
명란젓 ················· 1/2개
쯔유(4배 농축) ·············· 1작은술

모차렐라 치즈(피자용, 선택) ······· 적당량

가늘게 자른 김(선택) ·············· 적당량

조리법

1 명란젓은 껍질을 제거한 뒤 Ⓐ와 잘 섞는다.

2 **1**을 식빵에 고루 얹고 취향에 따라 치즈를 올려 토스터에 넣고 노릇하게 굽는다.

3 취향에 따라 가늘게 자른 김을 뿌린다.

쫄깃 명란 치즈 토스트

전자레인지　　토스터

재료(1장 분량)

식빵 ·· 1장
슬라이스 모찌(시판) ···················· 2~3개
　※ 기리 모찌를 얇게 잘라 사용해도 OK.
명란젓 ·· 1개
튜브형 버터 ································· 2큰술
모차렐라 치즈(피자용) ················ 적당량

조리법

1　슬라이스 모찌를 물에 적셔 식빵 위에 올리고 전자레인지에서 1분 가열한다.
　※ 꺼낸 뒤에는 망 위에 올려 2~3분 식힌다.

2　명란젓은 껍질을 제거하고 절반만 버터와 섞어 **1**에 고루 바른다.

3　**2** 위에 치즈를 뿌리고 남은 명란젓을 가운데 올려 토스터에 넣고 노릇하게 굽는다.

멸치 마요네즈 토스트

재료(1장 분량)

식빵 ······························ 1장
마요네즈 ······················ 적당량
간장 ·························· 약 1작은술
잔멸치 ·························· 취향껏
참기름 ·························· 취향껏
가늘게 자른 김, 참깨 ·········· 각각 적당량

조리법

1 마요네즈와 간장을 섞어서 식빵에 고루 바른다.

2 잔멸치를 얹고 토스터에 넣어 노릇노릇해질 때까지 굽는다.

3 참기름, 자른 김, 참깨를 얹는다.

환상의 궁합!

멸치 피망 토스트

재료(1장 분량)

식빵	1장
피망(작은 것)	1개
마요네즈	1큰술
잔멸치	약 10g
참기름	1큰술
소금	약간

조리법

1 피망을 모양대로 동그랗게 썰어 그릇에 넣고 랩을 씌워 전자레인지에서 1분 가열한다.

2 식빵에 마요네즈를 바른 다음 피망과 잔멸치를 올리고 참기름과 소금을 뿌린다.

3 토스터에 넣어 노릇노릇해질 때까지 굽는다.

초 간단 토스트

가쓰오부시 마요네즈 토스트

재료(1장 분량)

식빵 ······································ 1장

Ⓐ
- 가쓰오부시 ························· 3g
- 마요네즈 ···················· 2~3큰술
- 쯔유(4배 농축) ··············· 1작은술

블랙페퍼 ································· 약간

조리법

1 Ⓐ를 섞어 식빵 위에 바르고 토스터에 넣어 노릇노릇하게 굽는다.

2 블랙페퍼를 뿌린다.

오코노미야키 토스트

토스터

7 min

재료(1장 분량)

식빵 ······································· 1장
양배추 ································ 2~3장
햄 ··· 1장
마요네즈 ···················· 1~1과1/2큰술
오코노미야키 소스(시판)
 ······························· 1~1과1/2큰술
참기름 ······························· 약간
모차렐라 치즈(피자용) ············· 적당량
가쓰오부시 ························· 적당량
김 가루(선택) ······················· 적당량

조리법

1 채 썬 양배추, 가늘게 썬 햄, 마요네즈와 오코노미야키 소스를 볼에 넣어 섞는다.

2 식빵에 참기름을 바르고 **1**을 식빵 위에 올린다.

3 **2**에 치즈를 얹고 먹음직스러운 색이 될 때까지 토스터에 굽는다.

4 가쓰오부시, 김 가루(선택)를 뿌린다.

바비큐 토스트

토스터

5 min

재료(1장 분량)

식빵 ······························· 1장

Ⓐ
┌ 케첩 ···························· 1큰술
│ 바비큐 소스(시판) ·········· 2작은술
│ 간장 ·························· 1/2작은술
└ 설탕 ·························· 1작은술

베이컨(1/2 크기) ···················· 2장
모차렐라 치즈(피자용) ············ 적당량
블랙페퍼(선택) ······················· 약간

조리법

1 Ⓐ를 섞어 식빵에 고루 바른다.

2 베이컨을 올리고 치즈를 뿌려 노릇노릇해질 때까지 토스터에 굽는다.

3 취향에 따라 블랙페퍼를 뿌린다.

참기름이 킥!

낫토 김치 토스트

재료(1장 분량)

식빵	1장
낫토	1팩
배추김치	적당량
마요네즈	약간
참기름	약간

조리법

1 낫토는 포장 안에 동봉된 소스를 넣어 섞는다. 낫토, 김치 순으로 식빵에 올리고 마요네즈를 두른 다음 토스터에 넣고 노릇하게 굽는다.

2 참기름을 뿌린다.

낫토 치즈 토스트

재료(1장 분량)

식빵 ·································· 1장
마요네즈 ···························· 적당량
낫토 ································· 1팩
모차렐라 치즈(피자용) ·············· 적당량
가늘게 자른 김(선택) ················ 약간

조리법

1 낫토는 포장 안에 동봉된 소스를 넣어 섞는다. 식빵에 마요네즈를 바르고 낫토와 치즈를 올려서 토스터에 넣고 노릇하게 굽는다.

2 취향에 따라 자른 김을 얹는다.

실패 없는 맛!

시나몬 슈거 버터 스틱

재료

식빵 테두리 ···················· 식빵 1장 분량
튜브형 버터 ······························· 2큰술
설탕 ·· 1큰술
시나몬 파우더 ························· 적당량

조리법

1. 식빵 테두리를 먹기 좋은 길이로 자른다.

2. 팬에 버터와 설탕, 시나몬 파우더를 넣고 가열하다가 식빵 테두리를 넣어 섞으면 완성.

3. 시나몬을 좋아한다면 시나몬 파우더(분량 외)를 추가로 뿌린다.

Part 4

햄버거
&
샌드위치

유명 프랜차이즈의 햄버거 맛 그대로 식빵으로 즐겨요!
식감이 살아있는 샌드위치는
아이, 어른 모두가 사랑할 수밖에 없답니다!

데리야키 버거

전자레인지

토스터

프라이팬

재료(2개 분량)

식빵	2장
다진 고기	80~100g
소금, 후추	약간씩
모차렐라 치즈(피자용)	20~30g
양상추	2~3장
식용유	1작은술

마요네즈 소스

마요네즈	2큰술
설탕	1/2작은술
레몬즙	1/2작은술

데리야키 소스

스키야키 양념(시판)	2큰술
물	2큰술
녹말가루	1작은술

조리법

1 식빵 2장을 토스터에 넣어 노릇하게 굽는다.

2 마요네즈 소스 재료를 모두 섞는다.

3 데리야키 소스 재료를 내열 용기에 넣어 섞고 전자레인지에서 30초 가열한다. 꺼내어 잘 섞어준 뒤 다시 30초 가열하고 섞는다.
※ 식으면서 점차 점성이 생긴다.

4 팬에 식용유를 두른 다음 중불에서 다진 고기를 볶는다.

5 소금과 후추로 간을 하고 식빵보다 조금 작은 사각형으로 모양을 잡는다(15쪽 참조).

6 약불로 줄이고 **5** 위에 치즈, 식빵 1장을 순서대로 올린다. 식빵을 좌우로 움직여 재료가 떨어지지 않을 정도로 익으면 접시를 씌우고 뒤집어 꺼낸다.

7 **6** 위에 데리야키 소스, 적당히 찢은 양상추, 마요네즈 소스, 식빵을 순서대로 얹고 절반으로 썬다.

더블 치즈 버거

토스터   프라이팬

재료(2개 분량)

식빵 ··· 2장
다진 고기 ······································ 80~100g
소금, 후추 ·· 약간씩
모차렐라 치즈(피자용) ················ 20~30g
양상추 ··· 2~3장
슬라이스치즈 ··· 1장
식용유 ··· 1작은술

Ⓐ
┌ 마요네즈 ·································· 1과1/2큰술
│ 케첩 ··· 1과1/2큰술
│ 간장 ··· 1작은술
│ 튜브형 간 마늘 ························· 약 2cm
└ 양파(선택) ······························· 약 1/8개

조리법

1 식빵 2장을 토스터에 넣어 노릇노릇하게 굽는다.

2 식빵을 굽는 동안 Ⓐ를 섞어 소스를 만든다. 양파(선택)는 잘게 다져 취향에 따라 넣는다.

3 팬에 식용유를 두르고 중불에서 다진 고기를 볶는다.

4 소금과 후추로 간을 하고 식빵보다 조금 작은 사각형으로 모양을 잡는다(15쪽 참조).

5 약불로 줄이고 **4** 위에 모차렐라 치즈, 식빵 1장을 순서대로 올린다. 식빵을 좌우로 움직여 재료가 떨어지지 않을 정도로 익으면 접시를 씌우고 뒤집어서 꺼낸다.

6 **5** 위에 적당히 찢은 양상추, **2**의 소스, 슬라이스치즈, 식빵을 순서대로 얹고 절반으로 썬다.

스파이시 타코 버거

토스터

프라이팬

10 min

재료(2개 분량)

식빵 ··· 2장
다진 고기 ································· 80~100g
다진 양파 ······································· 1/8개
소금, 후추 ································· 약간씩
모차렐라 치즈(피자용) ········· 20~30g
양상추 ··· 2~3장
얇게 썬 토마토 ······························· 2장
마요네즈 ··· 1큰술
식용유 ··· 1작은술

칠리소스

케첩 ··· 2큰술
칠리 파우더 ·························· 1작은술
굴소스 ··· 1큰술
설탕 ·· 1작은술

조리법

1 식빵 2장을 토스터에 넣어 노릇하게 굽는다.

2 식빵을 굽는 동안 칠리소스 재료를 섞어 둔다.

3 팬에 식용유를 두르고 중불에서 다진 고기와 잘게 다진 양파를 볶는다.

4 소금과 후추로 간을 하고 식빵보다 조금 작은 사각형으로 모양을 잡는다 (15쪽 참조).

5 약불로 줄이고 **4** 위에 모차렐라 치즈, 식빵 1장을 순서대로 올린다. 식빵을 좌우로 움직여 재료가 떨어지지 않을 정도로 익으면 접시를 씌우고 뒤집어서 꺼낸다.

6 **5** 위에 칠리소스, 적당히 찢은 양상추, 토마토, 마요네즈, 식빵을 순서대로 얹고 절반으로 썬다.

살짝 더해진 매콤함이 매력

명란 마요 치즈 버거

재료(2개 분량)

식빵 ································· 2장
다진 고기 ···················· 80~100g
소금, 후추 ····················· 약간씩
모차렐라 치즈(피자용) ········· 20~30g
양상추 ···························· 2~3장
식용유 ························· 1작은술

┌ 명란젓 ······················· 1/2개
Ⓐ 마요네즈 ······················ 2큰술
└ 쯔유(4배 농축) ··············· 1작은술

조리법

1 식빵 2장을 토스터에 넣어 노릇노릇하게 굽는다.

2 식빵을 굽는 동안 Ⓐ를 섞어 둔다(명란젓의 껍질은 벗겨서 사용한다).

3 팬에 식용유를 두르고 중불에서 다진 고기를 볶는다.

4 소금과 후추로 간을 하고 식빵보다 조금 작은 사각형으로 모양을 잡는다 (15쪽 참조).

5 약불로 줄이고 **4** 위에 모차렐라 치즈, 식빵 1장을 순서대로 올린다. 식빵을 좌우로 움직여 재료가 떨어지지 않을 정도로 익으면 접시를 씌우고 뒤집어서 꺼낸다.

6 **5** 위에 적당히 찢은 양상추, **2**의 소스, 식빵을 순서대로 얹고 절반으로 썬다.

레트로의 매력

케첩 버거

재료(2개 분량)

식빵 ····································· 2장
다진 고기 ······················· 80~100g
소금, 후추 ·························· 약간씩
모차렐라 치즈(피자용) ··········· 20~30g
양상추 ······························ 2~3장
식용유 ····························· 1작은술
Ⓐ ┌ 굴소스 ······················· 1과1/2큰술
   └ 케첩 ························· 1과1/2큰술

조리법

1 식빵 2장을 토스터에 넣어 노릇노릇하게 굽는다.

2 식빵을 굽는 동안 Ⓐ를 섞어 둔다.

3 팬에 식용유를 두르고 중불에서 다진 고기를 볶는다.

4 소금과 후추로 간을 하고 식빵보다 조금 작은 사각형으로 모양을 잡는다 (15쪽 참조).

5 약불로 줄이고 **4** 위에 모차렐라 치즈, 식빵 1장을 순서대로 올린다. 식빵을 좌우로 움직여 재료가 떨어지지 않을 정도로 익으면 접시를 씌우고 뒤집어서 꺼낸다.

6 **5** 위에 적당히 찢은 양상추, **2**의 소스, 식빵을 순서대로 얹고 절반으로 썬다.

튼튼 버거

재료(2개 분량)

식빵	2장
다진 고기	80~100g
쯔유(4배 농축)	약 1과1/2큰술
튜브형 간 마늘	2~3cm
모차렐라 치즈(피자용)	20~30g
오이(또는 양상추)	2~3cm
마요네즈	적당량
참기름	1작은술

조리법

1 식빵 2장을 토스터에 넣어 노릇노릇하게 굽는다.

2 팬에 참기름을 두르고 중불에서 다진 고기를 볶는다.

3 다진 고기가 볶아지면 쯔유, 간 마늘을 넣고 섞은 뒤 식빵보다 조금 작은 사각형으로 모양을 잡는다(15쪽 참조).

4 약불로 줄이고 **3** 위에 모차렐라 치즈, 식빵 1장을 순서대로 올린다. 식빵을 좌우로 움직여 재료가 떨어지지 않을 정도로 익으면 접시를 씌우고 뒤집어서 꺼낸다.

5 **4** 위에 적당한 두께로 썬 오이, 마요네즈, 식빵을 순서대로 얹고 절반으로 썬다.

BELT 샌드위치

토스터　　프라이팬

재료(2개 분량)

식빵	2장
달걀	1개
베이컨	2장
양상추	2~3장
얇게 썬 토마토	2장
식용유	1작은술
Ⓐ 마요네즈	2~3큰술
홀그레인 머스터드	1작은술

조리법

1　식빵 1장을 토스터에 넣고 노릇노릇하게 굽는다. 다른 1장은 지름 8cm 정도 되는 컵으로 가운데에 구멍을 낸다(23쪽 참조).

2　팬에 식용유를 두른다. 가운데가 뚫린 식빵을 넣고 그 부분에 달걀을 깨 넣는다(23쪽 참조).

3　따로 두었던 찍어낸 식빵을 달걀 위에 얹고 팬의 빈자리에 베이컨을 넣어 굽다가 뚜껑을 덮고 약불에서 2~3분 더 굽는다.
※ 완숙을 선호한다면 3분 이상 익힌다.

4　다 구워지면 뒤집어서 뒷면도 굽는다.

5　토스터에 구웠던 식빵에 Ⓐ를 섞어 만든 소스를 고루 바르고 베이컨, 적당히 찢은 양상추, 토마토, 4 순서로 얹고 절반으로 썬다.

식빵 구멍 부분에 달걀을 깨 넣고 찍어낸 빵을 뚜껑처럼 덮는다. 그 옆에 베이컨을 넣고 동시에 굽는다.

야키소바 샌드위치

토스터   프라이팬

재료(2개 분량)

식빵 ····································· 2장
달걀 ····································· 1개
야키소바 ······························ 1인분
마요네즈 ······························ 적당량
식용유 ································· 1작은술

조리법

1 식빵 1장을 토스터에 넣고 노릇노릇하게 굽는다. 다른 1장은 지름 8cm 정도 되는 컵으로 가운데에 구멍을 낸다(23쪽 참조).

2 팬에 식용유를 두른다. 가운데가 뚫린 식빵을 넣고 그 부분에 달걀을 깨 넣는다(23쪽 참조).

3 따로 두었던 찍어낸 식빵을 달걀 위에 얹고 뚜껑을 덮어 약불에서 2~3분 더 굽는다.
　※ 완숙을 선호한다면 3분 이상 익힌다.

4 어느 정도 익으면 뒤집어 뒷면도 익힌다.

5 토스터에 구웠던 식빵, 야키소바, 마요네즈, **4** 순서로 얹고 절반으로 썬다.

전자레인지

간단 에그 샌드위치

재료(2개 분량)

식빵	2장
달걀	2개
모차렐라 치즈(피자용)	15~20g
Ⓐ 마요네즈	2큰술
Ⓐ 소금	약간
Ⓐ 설탕	한 꼬집
Ⓐ 파슬리 가루(선택)	약간

조리법

1. 내열 용기에 달걀과 치즈를 넣어 섞고 랩을 씌워 전자레인지에서 1분간 가열한다.

2. 전자레인지에서 꺼내어 한 번 더 섞은 다음 다시 랩을 씌워 1분간 가열한다.

3. Ⓐ를 **2**에 모두 넣고 잘 섞는다.

4. 식빵 사이에 **3**을 넣고 랩으로 단단히 감싼 뒤 절반으로 썬다.

푹신한 식감이 매력적이에요

두툼 에그 샌드위치

재료(2개 분량)

식빵 ·································· 2장
마요네즈 ·························· 1큰술
홀그레인 머스터드 ············· 1/2작은술

Ⓐ
- 달걀 ····························· 3개
- 설탕 ····························· 1작은술
- 물 ······························· 3큰술
- 소금, 후추 ···················· 약간씩

조리법

1 두툼한 달걀부침을 만들기 위해 식빵보다 조금 작은 크기의 내열 용기에 Ⓐ 를 넣고 섞는다.

2 랩을 씌워 전자레인지에 넣고 1분간 가열 후 다시 섞어준다.

3 다시 랩을 씌우고 전자레인지에 40초 가열, 다시 꺼내 섞고 40초 더 가열한다.

4 식빵 2장에 마요네즈와 머스터드를 바른 뒤 **3**을 사이에 넣고 삼각형으로 2등분한다.

미트 어니언 샌드위치

재료(2개 분량)

식빵	2장
양배추	약 2장
양파	약 1/6개
돼지고기(앞다리살)	80g
고기 양념장(시판)	1~2큰술
마요네즈	2큰술
식용유	1작은술

조리법

1 식빵 2장을 토스터에 넣어 노릇노릇하게 굽는다. 양배추는 채 썰고 양파는 얇게 저미듯 썰어 둔다.

2 식용유를 두른 팬에 양파, 돼지고기를 볶다 어느 정도 익으면 고기 양념장을 넣고 섞어가며 볶는다.

3 식빵에 마요네즈를 바른 뒤 양배추와 **2**를 사이에 넣고 절반으로 썬다.

미트소스 샌드위치

전자레인지

10 min

재료(2개 분량)

식빵 ································· 2장
양파 ································· 1/8개
다진 고기 ···························· 80~100g
모차렐라 치즈(피자용) ················· 15g

Ⓐ
┌ 케첩 ······························· 3큰술
│ 일본식 된장(미소) ················· 1작은술
│ 설탕 ····························· 1작은술
│ 튜브식 간 마늘 ···················· 3cm
└ 소금, 후추 ························· 약간씩

조리법

1 양파를 잘게 썰어 둔다.

2 내열 볼에 Ⓐ, 다진 고기(뭉치지 않게 풀어준 것), 양파를 넣고 섞어 랩을 씌운 뒤 전자레인지에서 3분간 가열한다.

3 꺼내어 가볍게 섞고 랩을 제거한 채 2분 더 가열한다.

4 다시 꺼내서 곧바로 치즈를 넣고 섞는다.

5 잠시 식힌 후에 식빵 사이에 넣고 절반으로 썬다.
※ 양파 외에 가지나 당근 등 냉장고에 있는 채소를 넣어도 OK.

미소 마요네즈 샌드위치

재료(2개 분량)

식빵 ·· 2장
닭가슴살(샐러드용) ···················· 1팩(100g)
Ⓐ ┌ 마요네즈 ······································ 3큰술
  │ 일본식 된장(미소) ··············· 1작은술
  └ 블랙페퍼 ·· 약간
슬라이스치즈 ······································ 1장
양상추 ·· 2~3장

조리법

1 닭가슴살은 먹기 좋은 크기로 찢는다.

2 식빵 2장에 잘 섞은 Ⓐ를 고루 바른 뒤 식빵 사이에 닭가슴살, 슬라이스치즈, 양상추를 순서대로 넣고 절반으로 썬다.

데리야키 치킨 샌드위치

전자레인지

재료(2개 분량)

식빵 ·· 2장
데리야키 양념 닭꼬치(시판) ······ 1팩(75g)
마요네즈 ···································· 2큰술
양상추 ······································ 2~3장

조리법

1 닭꼬치를 고기만 내열 접시에 담고 랩을 씌워 전자레인지에 데운다.

2 식빵 2장에 마요네즈를 바른 뒤 식빵 사이에 양상추, 닭꼬치(고기)를 넣고 절반으로 썬다.

전자레인지만 있으면 돼요!

타르타르 샌드위치

재료(4개 분량)

식빵	2장
양파	1/8개
달걀	2개
Ⓐ⸺ 마요네즈	3큰술
식초	1/2작은술
소금, 후추	각각 약간씩
설탕	1작은술

조리법

1 양파는 잘게 썰어 둔다.

2 내열 용기에 달걀을 넣고 거품기로 잘 섞는다.

3 **2**에 랩을 씌우고 전자레인지에서 1분간 가열하고 꺼내어 섞는다. 다시 랩을 씌워 30초 추가 가열한다.

4 Ⓐ를 섞어 양파와 함께 **3**에 넣고 섞는다.

5 테두리를 자른 식빵 사이에 넣고 4등분한다.

블록 참치
샌드위치

재료(4개 분량)

식빵	2장
브로콜리(냉동)	1~2개
참치 통조림	1/2캔
Ⓐ 마요네즈	2큰술
후추	약간

조리법

1 냉동 브로콜리는 해동해 물기를 제거한 뒤 잘게 썬다.

2 식빵 테두리를 자른다.

3 기름을 거른 참치와 브로콜리, Ⓐ를 섞어 식빵 사이에 넣고 4등분한다.

치즈와 달걀, 햄의 황금 조합

치즈계란햄
원팬 샌드위치

재료(1개 분량)

식빵 ······································· 1장
모차렐라 치즈(피자용) ················ 20~30g
달걀 ······································· 1개
마요네즈 ································· 적당량
햄 ··· 1장
슬라이스치즈 ····························· 1장

조리법

1 약불로 달군 달걀말이용 사각 프라이팬에 모차렐라 치즈를 넣는다.

2 치즈가 녹기 시작하면 풀어 둔 달걀을 넣고 마요네즈를 넣은 뒤 햄과 슬라이스치즈를 넣는다.

3 식빵을 절반으로 썰어 얹고 어느 정도 구워지면 뒤집어서 뒷면도 굽는다. 다 구워지면 절반으로 접어서 완성한다(19쪽 참조).

녹아서 펼쳐진 치즈 위로 풀어 둔 달걀을 흘려 넣는다.

마요네즈를 넣고 그 위에 햄과 슬라이스치즈를 얹는다.

빠지면 섭섭! 식빵 테두리 활용법

멈출 수 없는 맛!

치즈 스틱

재료

식빵 테두리 ················· 식빵 1장 분량

Ⓐ
- 치즈 가루 ····················· 1큰술
- 블랙페퍼 ························· 약간
- 올리브유 ························· 2큰술

조리법

1 식빵 테두리를 먹기 좋은 길이로 자른다.

2 알루미늄 포일에 식빵 테두리를 나란히 놓고, Ⓐ 를 섞어 바른 뒤 토스터에 넣고 노릇하게 굽는다.

Part 5

디저트풍 식빵

간단한 재료가 순식간에 달콤한 디저트로 변신!
아이와 함께 만들어 볼 수 있어 더 좋아요.

초코칩 빵

오븐

재료(8개 분량)

식빵	2장
버터	50g
설탕	50g
달걀	1개
박력분(혹은 쌀가루)	50g
초코칩(제과용)	적당량

조리법

1. 오븐은 200도로 예열한다.

2. 실온에 꺼내둔 버터에 설탕, 풀어 둔 달걀을 순서대로 넣으며 섞는다.

3. **2**에 박력분을 체 쳐서 넣고 섞으면 반죽이 완성된다.

4. 식빵은 삼각형으로 4등분한다.

5. 오븐 쟁반에 유산지를 깔고 식빵을 배열한 뒤 반죽과 초코칩을 올린다.

6. 200도 오븐에서 9~10분가량 굽는다.

식빵은 삼각형으로 4등분한다.

반죽을 풍성하게 올려야 맛있다.

초코스틱 빵

오븐

재료(8개 분량)

식빵	2장
버터	50g
설탕	30g
코코아 분말(음료용)	20g
달걀	1개
박력분(혹은 쌀가루)	50g

조리법

1 오븐은 200도로 예열한다.

2 실온에 꺼내둔 버터에 설탕, 코코아 분말, 풀어 둔 달걀을 순서 대로 넣으며 섞는다.

3 **2**에 박력분을 체 쳐서 넣고 섞으면 반죽이 완성된다.

4 식빵은 세로로 4등분한다.

5 오븐 쟁반에 유산지를 깔고 식빵을 배열한 뒤 반죽을 올린다.

6 200도 오븐에서 9~10분가량 굽는다.

식빵은 세로로 4등분한다.

반죽을 풍성하게 올려야 맛있다.

마시멜로 초코빵

토스터

재료(6개 분량)

식빵(샌드위치용) ································· 6장
마시멜로 ········· 1봉지(컵당 3~4개 넣을 분량)
판 초콜릿 ··································· 1개

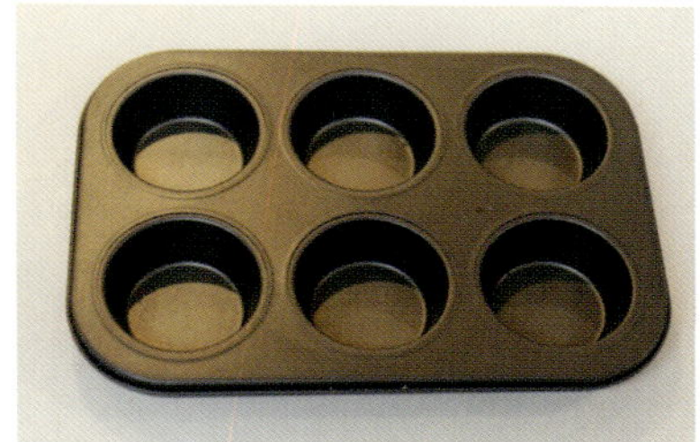

머핀 틀(토스터에 들어가는 크기)은 시중에서 쉽게 구할 수 있다.

조리법

1 식빵은 테두리를 자르고 밀대로 평평하게 편다. 아래 사진처럼 네 군데에 1.5cm 정도 가위로 자르고 머핀 틀에 맞추어 컵 모양으로 넣는다.

2 마시멜로와 조각낸 판 초콜릿을 넣고 토스터에서 180도로 1~2분 굽는다.

3 표면이 노릇노릇해지면 알루미늄 포일을 덮고 1~2분가량 더 굽는다.

식빵의 각 변 가운데를 1.5cm씩 가위로 자른다.

가위로 자른 부분을 서로 겹쳐가며 머핀 틀에 넣는다.

바삭 마시멜로 샌드

재료(4개 분량)

식빵(1.5cm 두께) ···················· 1장
마시멜로 ···························· 4개
초콜릿 소스 ························· 적당량

조리법

1 냉동한 식빵을 4등분하고 각각 세워서 한 번 더 자른다(63쪽 참조).

2 모두 8장의 식빵 중 4장 위에 마시멜로를 올린다(남은 4장은 덮개).

3 **2**와 덮개용 4장까지 모두 토스터에 넣고 140~160도로 2~3분간 굽는다.
   ※ 얇아서 금세 타기 때문에 저온으로 설정하고 상태를 보아가며 굽는다.

4 초콜릿 소스를 올리고 덮개용 식빵을 한 장씩 올린다.

초코 없는 초코빵

재료(1장 분량)

식빵 ··· 1장

A ┌ 코코아 분말(음료용) ············ 2큰술
  │ 꿀(또는 핫케이크 시럽) ··········· 1큰술
  └ 온수 ······································· 1큰술

조리법

1 Ⓐ를 섞는다.

2 식빵에 칼로 격자무늬를 넣고 토스터에 넣어 노릇노릇해질 때까지 구운 뒤, **1**을 고루 두른다.

겉바속촉 콩가루 빵

오븐

10 min

재료(8개 분량)

식빵	2장
버터	50g
설탕	30g
콩가루	20g
달걀	1개
박력분(혹은 쌀가루)	50g
튜브형 버터(선택)	적당량
Ⓐ 콩가루	1큰술
Ⓐ 설탕	1큰술

조리법

1 오븐은 200도로 예열한다.

2 실온에 꺼내둔 버터에 설탕, 콩가루, 풀어 둔 달걀을 순서대로 넣으며 섞는다.

3 **2**에 박력분을 체 쳐서 넣고 섞으면 반죽이 완성된다.

4 식빵은 4등분한다.

5 오븐 쟁반에 유산지를 깔고 식빵을 배열한 뒤 반죽을 올린다.

6 200도 오븐에서 9~10분가량 굽는다.

7 취향에 따라 버터를 바르고 Ⓐ를 섞어 뿌려 먹는다.

※ 버터를 바르면 Ⓐ가 빵에 잘 붙는다.

슈거 토스트

재료(4개 분량)

식빵 ······························· 1장

Ⓐ
- 튜브형 버터 ········ 1과1/2~2큰술
- 설탕 ······················· 약 1큰술
- 소금 ······························· 약간

조리법

1 약불에 달군 프라이팬에 잘 섞은 Ⓐ를 절반만 넣는다.

2 식빵을 넣고 어느 정도 구워지면 꺼낸다.

3 팬을 가볍게 닦은 뒤 남은 Ⓐ를 넣고 꺼냈던 식빵을 뒷면이 아래로 가게 해 굽는다.

4 4등분한다.

추로스 스틱

토스터

재료(6개 분량)

식빵(2cm 두께) ···································· 1장
튜브형 버터 ···································· 2큰술
설탕 ···································· 1~2큰술
슈거파우더, 콩가루, 코코아 분말 등
···································· 적당량

조리법

1 식빵의 짧은 면의 테두리만 자른다.

2 식빵 양면에 버터를 1큰술씩 바르고 설탕을 뿌린다.

3 식빵을 가로로 놓고 아래 사진과 같이 길쭉하게 6등분한다.

4 모양을 비틀어가며 꼬치에 꽂는다. 꼬치가 길면 손잡이 길이
만 남기고 자른다.

5 토스터에 알루미늄 포일을 깔고 빵을 배열한 뒤, 꼬치 손잡이
부분에 포일을 씌우고 180도로 3~4분간 굽는다.

6 열이 식기 전에 슈거파우더, 콩가루, 코코아 분말 등을 취향에
따라 듬뿍 뿌린다.

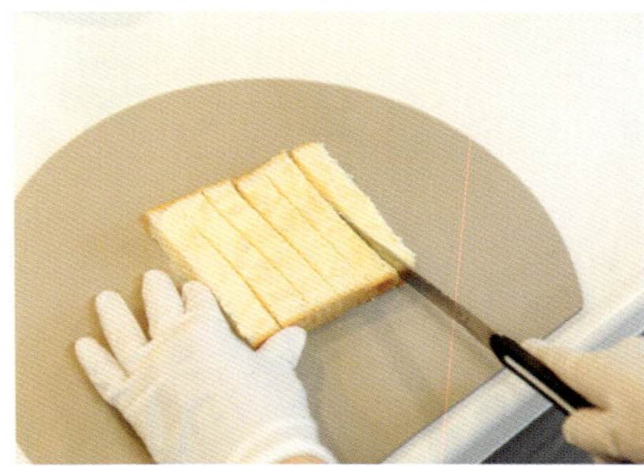

세로로 6등분한다.

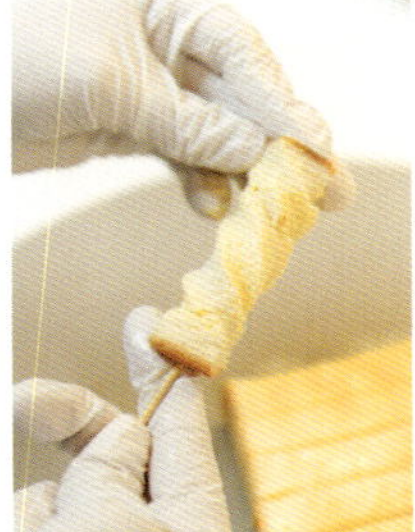

식빵 양쪽을 잡고 비틀어가며 꼬치에 꽂는다.

kitchen cloth
no.S027   color：na
45 × 65 cm linen 100%

초코 마시멜로 파니니

프라이팬

재료(1개 분량)

식빵(1.5cm 두께)	1장
버터	20g
판 초콜릿	1/4개
마시멜로	2개

조리법

1 프라이팬에 버터를 녹이고 뒤집개로 식빵을 눌러가며 양면을 굽는다.

　※ 화상에 주의한다.

2 판 초콜릿과 절반으로 자른 마시멜로를 아래 사진처럼 겹쳐 놓고 세모 모양으로 식빵을 절반 접는다.

3 약불에서 식빵을 눌러가며 1~2분 더 굽는다.

판 초콜릿과 마시멜로는 한가운데보다 살짝 앞쪽에 놓는다.

식빵을 절반으로 접는다.

집에 바나나가 있을 때!

캐러멜 바나나 토스트

재료(1장 분량)

식빵 ……………………………………… 1장
바나나 …………………………………… 1개
설탕 ……………………………………… 3큰술
물 ………………………………………… 1큰술
튜브형 버터 ……………………………… 1큰술

조리법

1 식빵을 토스터에 넣어 노릇노릇하게 굽는다.

2 바나나를 먹기 좋은 크기로 자른다.

3 프라이팬에 설탕과 물을 넣고 약불에서 섞는다. 큰 방울이 생기며 끓기 시
작하면 버터를 넣고 걸쭉해질 때까지 끓인다.

4 **3**에 바나나를 넣어 섞은 다음 식빵에 올린다. 남은 소스도 빵 위에 끼얹는
다.

기분 좋은 달달함♪

프랑스풍 밀크 토스트

재료(1장 분량)

식빵	1장
튜브형 버터	2큰술
연유	2큰술
얇게 썬 아몬드(선택)	적당량

조리법

1 식빵을 토스터에 넣어 노릇노릇하게 굽는다.

2 버터와 연유를 섞어 식빵에 바른다.

3 취향에 따라 아몬드를 더한다.

바삭 롤 샌드

토스터

재료(4개 분량)

식빵(샌드위치용)	4장
식용유	적당량
휘핑크림	적당량
토핑(초콜릿 크런치 등)	적당량

조리법

1 식빵을 밀대로 평평하게 누르며 밀어준다. 아래 사진처럼 길쭉하게 뭉친 알루미늄 포일을 식빵에 넣고 말아서 이쑤시개로 고정한다.

2 1을 알루미늄 포일 위에 놓고 식용유를 전체에 바른 뒤 토스터에 넣어 노릇해질 때까지 저온으로 짧은 시간 동안 굽는다.

3 이쑤시개를 제거하고 반대쪽 면도 저온으로 짧게 구워준다.

4 안쪽 알루미늄 포일을 제거하고 식힌 뒤, 휘핑크림을 채우고 좋아하는 토핑을 올린다.

가늘고 길게 뭉친 알루미늄 포일을 식빵에 넣어 말고, 이쑤시개로 고정한다.

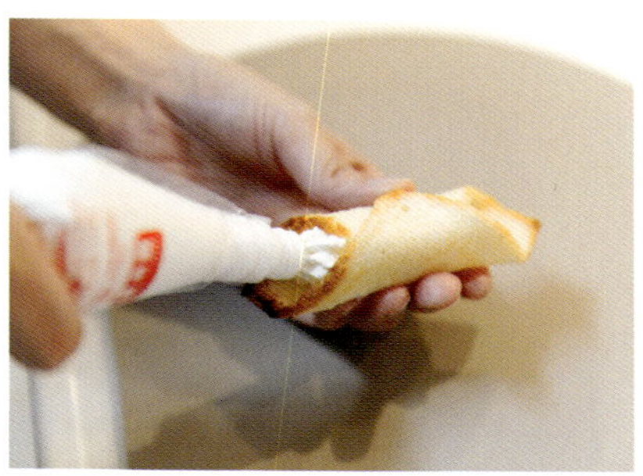

구운 뒤에는 포일을 제거하고 빵이 식으면 안쪽부터 휘핑크림을 채운다.

튀기지 않은 코코아 빵

재료(2개 분량)

식빵(3cm 두께)	1장
식용유	2큰술
코코아 분말(음료용)	적당량
휘핑크림	적당량

조리법

1 식빵을 삼각형 모양으로 2등분한다.

2 식용유를 충분히 발라 토스터에 넣어 노릇노릇하게 양면을 굽는다.

3 충분히 구운 식빵의 긴 단면에 세로로 칼집을 넣는다. 코코아 분말을 빵 전체에 묻힌다.

4 빵이 식으면 칼집에 휘핑크림을 넣는다.

※ 크림을 넣지 않고 그대로 먹어도 맛있다.

튀기지 않은 콩가루 빵

토스터

재료(2개 분량)

식빵(3cm 두께) ······················· 1장
식용유 ································· 2큰술
Ⓐ 콩가루 ······························· 1큰술
  설탕 ································· 1큰술
  소금 ································· 약간
팥앙금 ································· 적당량

조리법

1 식빵을 삼각형 모양으로 2등분한다.

2 식용유를 충분히 발라 토스터에 넣고 노릇노릇하게 양면을 굽는다.

3 충분히 구운 식빵의 긴 단면에 세로로 칼집을 넣고 Ⓐ를 섞어 빵 전체에 바른다.

4 빵이 식으면 칼집에 팥앙금을 넣는다.
  ※ 팥앙금을 넣지 않고 그대로 먹어도 맛있다.

인절미 토스트

재료(1장 분량)

식빵 ·································· 1장

Ⓐ 콩가루 ·························· 2큰술
  설탕 ···························· 2작은술

팥앙금(선택) ······················ 적당량

찹쌀떡 아이스크림(시판) ·············· 1개

견과류(무염) ······················ 적당량

꿀 ······························· 1큰술

조리법

1 Ⓐ를 섞는다.

2 식빵에 격자무늬를 넣고 팥앙금(선택)을 올린 다음 찹쌀떡 아이스크림을 얹는다.

3 토스터에 넣고 아이스크림이 적당히 녹을 정도로 굽는다.

4 **1**과 견과류(갈아서 준비), 꿀을 뿌린다.

크림 박스

냄비 냉장고

재료(1장 분량)

식빵 ·· 1장
우유 ··· 100mL
설탕 ··· 1큰술
녹말가루 ··· 1큰술

조리법

1 냄비에 우유와 설탕을 넣고 약불로 가열한다.

2 작은 기포가 올라오며 끓기 시작할 때 불을 끈 뒤, 녹말가루를 조금씩 넣으며 굳기 전에 재빨리 섞는다.

3 굳기 시작하면 탱글탱글 탄력이 생길 때까지 저어서 남은 열을 식힌다.

4 식빵 가운데를 숟가락으로 누른 다음 3을 올려 넓게 편다.

5 랩을 씌워 냉장고에서 30분 정도 차갑게 식힌다.

세 가지 재료를 섞으면 완성

치즈케이크 토스트

재료(1장 분량)

식빵 1장

A
- 크림치즈 2큰술
- 설탕 1큰술
- 떠먹는 요구르트(플레인) 1큰술

조리법

1 A를 섞어 식빵에 고루 펼친다.

2 토스터에 넣고 고온(200~220도)으로 2~3분간 굽는다.

※ 뒷면이 타기 쉬우니 토스터 전용 플레이트를 사용한다.

과일 샌드위치

재료(2개 분량)

식빵(1.5cm 두께) ····················· 2장
커스터드푸딩(시판, 캐러멜이 없는 제품)
····························· 2개(각 68g)
박력분 ···························· 약 2큰술
좋아하는 과일 ······················ 적당량

조리법

1 푸딩을 내열 볼에 넣고 박력분을 조금씩 넣으며 뭉치지 않도록 섞는다.

2 1을 전자레인지에 넣고 1분간 가열한 뒤 섞는다. 총 3회 반복.

3 테두리를 제거한 식빵 1장을 랩 위에 올리고 한 김 식힌 2와 좋아하는 과일
을 넣고 남은 식빵으로 덮는다.

4 랩으로 잘 감싸고 냉장고에 넣어 30분~1시간가량 차갑게 식힌다.

5 삼각형 모양으로 2등분한다.

시나몬 애플파이

재료(2개 분량)

식빵(1.5cm 두께)	2장
사과	1/2개
설탕	2큰술
시나몬 파우더	약간
식용유	적당량

조리법

1 사과는 분량의 절반을 작게 깍둑썰기하고 나머지 절반은 갈아서 준비한다.

2 **1**을 내열 볼에 넣고 설탕과 시나몬 파우더를 넣어 섞은 뒤 전자레인지로 1분간 가열하고, 다시 섞어 전자레인지에 넣고 추가로 1분 가열한다.

3 테두리를 제거한 식빵을 밀대로 납작하게 밀고 **2**를 올려 감싼다.

4 **3**의 둘레를 포크로 꾹 눌러 붙인다. 잘 붙지 않을 때는 식빵 끝에 물(분량 외)을 발라 손가락으로 꾹 누른다. 윗면에 세 군데 칼집을 넣는다.

5 **4**의 양면에 식용유를 바르고 알루미늄 포일을 깔아 둔 토스터에 넣어 겉면이 노릇하게 익을 때까지 굽는다.

6 시나몬을 좋아한다면 시나몬 파우더(분량 외)를 추가로 뿌린다.

초코 멜론빵

재료(1장 분량)

식빵	1장
버터	20g
설탕	1큰술
박력분	3큰술
판 초콜릿	취향껏

조리법

1 내열 볼에 버터를 넣고 전자레인지에서 40초간 가열한다.

2 1에 설탕과 박력분을 넣고 섞어 식빵 위에 고루 바른다.

3 칼이나 꼬치로 멜론빵 모양을 내고 그 위에 조각낸 판 초콜릿을 얹는다. 토스터에 넣어 노릇노릇하게 굽는다.

색다른 초콜릿 크림

콩가루 크림 토스트

재료(1장 분량)

식빵 ······································· 1장
판 초콜릿(화이트) ·············· 1/2개
우유 ······································· 1큰술
콩가루 ···································· 2큰술

조리법

1 식빵을 토스터에 넣어 노릇노릇하게 굽는다.

2 내열 볼에 판 초콜릿을 넣고 전자레인지에서 1분간 가열하고 섞은 뒤, 다시 전자레인지에 넣고 30초 추가 가열한다(녹을 때까지 데운다).

3 **2**에 우유와 콩가루를 조금씩 넣으며 섞은 다음 식빵 위에 고루 두른다.

애니멀 토스트
- 곰, 강아지

재료(각 동물 1개 분량)

식빵 ·· 2장
바나나 ·· 약 3cm
블루베리 ··· 적당량
땅콩버터 ··· 적당량
초콜릿 크림 ·· 적당량

조리법

곰

1 식빵을 토스터에 넣어 굽다가 표면이 노릇해지면 꺼내서 땅콩버터를 둥근 모양으로 바른다.

2 바나나를 얇게 잘라 귀와 코 위치에 놓는다.

3 블루베리를 눈과 코 위치에 놓는다.

강아지

1 식빵의 양쪽 끝에서 안쪽으로 1.5cm 정도 위치에 세로로 길게 칼집을 낸다(강아지의 귀 부분).

2 귀와 한쪽 눈 자리에 초콜릿 크림을 바르고 블루베리를 눈과 코 위치에 놓는다.

애니멀 토스트
- 사자, 돼지

토스터

10 min

재료(각 동물 1개 분량)

식빵 ·· 2장
슬라이스치즈 ·· 2장
햄 ·· 2장
비엔나소시지 ··· 1개

조리법

사자

1 식빵 가운데에 슬라이스치즈를 올린다.

2 비엔나소시지를 얇게 잘라 **1** 위에 얹고(눈과 코 위치에 3개) 토스터에 넣어 굽다가 표면이 노릇하게 구워지면 꺼낸다.

3 햄을 고깔 모양으로 8개 잘라 사자 갈기 자리에 놓는다.

돼지

1 슬라이스치즈를 삼각형 2개, 타원형 1개로 자른다.

2 비엔나소시지를 얇게 잘라 식빵 위에 얹고(눈 위치에 2개, 코 위치에 절반씩) 토스터에 넣어 굽다가 표면이 노릇하게 구워지면 꺼낸다.

3 비엔나소시지는 잠시 치우고 햄과 치즈를 돼지의 얼굴 모양으로 배치한 뒤 다시 원래 자리에 되돌린다.

맺음말

저 바타코마마의 책을 선택해 주신 독자 여러분, 고맙습니다.

책이 세상에 나올 수 있도록 기회를 주신 다카라지마샤의 야마구치 마유 님, 편집부 여러분, 사흘 동안 100가지 레시피의 사진을 찍는다는 어마어마한 일정에도 멋진 사진을 찍어 주신 샤인즈의 다카기 노부유키 님, 하나하나 색다른 스타일링을 해 주신 스튜디오 모노크롬의 니헤이 사유리 님과 혼보 아스카 님, 늘 도움을 준 우리 가족들, 용기를 북돋아 준 소중한 인플루언서 동료들, 그리고 항상 응원해 주시는 팔로워 여러분.

평범한 주부였던 제가 레시피북 출판이라는 큰 꿈을 이루게 된 것은 모두 여러분 덕분입니다.

그리고 이 책을 선택해 주신 독자 여러분께 다시 한번 깊이 감사드립니다.

여러분의 일상에 웃음이 가득하기를.

2024년 12월

바타코마마